壹基金
One Foundation

儿童
平安

·动漫版·

日本放送协会 NHK 特别节目采访组◎著

顾林生　三津间由佳　丁莉　薛诚◎译审

釜石的“奇迹”

保护我们生命的一堂课

四川大学出版社

责任编辑:曾　鑫
责任校对:李金兰
封面设计:徐著林
责任印制:王　炜

图书在版编目(CIP)数据

釜石的“奇迹”: 保护我们生命的一堂课 / 日本放送协会NHK特别节目采访组著; 顾林生等译审. —成都: 四川大学出版社, 2017.7
ISBN 978-7-5690-0831-9

Ⅰ.①釜… Ⅱ.①日… ②顾… Ⅲ.①地震灾害—灾害防治—课外读物 Ⅳ.①P315.9-49

中国版本图书馆CIP数据核字(2017)第172647号

书名　**釜石的“奇迹”**
——保护我们生命的一堂课

著　　者　日本放送协会NHK特别节目采访组
译　　审　顾林生　三津间由佳　丁　莉　薛　诚
出　　版　四川大学出版社
地　　址　成都市一环路南一段24号(610065)
发　　行　四川大学出版社
书　　号　ISBN 978-7-5690-0831-9
印　　刷　四川盛图彩色印刷有限公司
成品尺寸　148 mm×210 mm
印　　张　3.25
字　　数　60千字
版　　次　2017年7月第1版
印　　次　2017年7月第1次印刷
定　　价　28.00元

◆读者邮购本书,请与本社发行科联系。
电话:(028)85408408/(028)85401670/(028)85408023　邮政编码:610065
◆本社图书如有印装质量问题,请寄回出版社调换。
◆网址:http://www.scupress.net

目录

保护我们生命的一堂课

Miracle

釜 石 的“ 奇 迹 ”

Kamaishi

釜石的“奇迹”

保护我们生命的一堂课

探寻『釜石的奇迹』

3.11

那天的事情……

2011年3月11日
巨大的海啸袭击了岩水县釜石市。
超过千多人的市民，有的失去了生命，有的去向不明。

但是在这场灾难中，发生了被誉为“釜石的奇迹”的故事。

地震发生时的釜石小学共有184名同学。

釜石小学建在高处，如果地震发生时孩子们都留在学校里的话会很安全。

但是那天，学校下课比平时早，刚过中午就放学了。大部分孩子分散在大人们看不到的地方。

有的在家里玩电子游戏，有的在海边玩耍。

地震发生35分钟后，孩子们所在的地方大多都被海啸吞没了。

接受采访时，老师们都说那时候觉得“孩子们或许逃不过这场灾难了”。

但是，孩子们却依靠自己的力量生存了下来。

他们发挥了大人都比不上的判断与行动力，不仅保住了自己的生命，还挽救了周围人的生命。

根据孩子们的叙述，我们总结了那天生命的奇迹是如何发生的。

孩子们保护生命的巨大能量到底是从哪里来的?

一起来探寻“釜石的奇迹吧”。

1

让大人自愧不如的篠原拓马

拓马同学当时是小学4年级学生。虽然学习成绩有点不理想，但他性格开朗，班上的同学们都很喜欢他。

3月11日那天，他和奶奶、弟弟一起正在家里。

弟弟比他小四岁，拓马平时经常因为欺负弟弟而被家人训斥。

但是，就是这样的拓马，在那天保护了弟弟和奶奶的生命。

“今天放学早，下午可以好好玩了！”

那天，拓马跟朋友们一起走回家。

“一会儿咱们去打棒球吧？”

“好啊！”

“我回来了！”

拓马回到家时，奶奶明美从厨房里出来，说：

“啊，拓马，回来啦。今天放学可真早啊！”

“嗯！”

拓马钻进被窝里取暖。

“哥哥，你回来了！嗨，咱们一起玩吧！”

弟弟飒汰一副已经等了哥哥回家好久的样子，一见面就缠着拓马。

“真拿你没办法……好吧，咱们玩电子游戏吧！”

“现在，我给你们去拿点心过来！”

奶奶明美对着两个人喊道。

“喂，哥哥，也让我玩一会儿吧！”

“烦死了！我正玩着上手的地方呢，你到一边呆着去！”

“哇——”

拓马一个人独占着游戏机，弟弟飒汰哭着去找厨房里的奶奶。

“嘿嘿，这下我可以一个人慢慢玩了！”

时间到了下午的2点46分。突然，房子开始咔嗒咔嗒地摇晃起来了。

“啊？地震了？哎呀——”

“拓马，你没事吧？！地震一停，你赶快到这里来！”奶奶在桌子下冲着拓马大喊。

“好……停了吗？”

“拓马，快过来！”

拓马从被炉里出来，跑到在厨房的奶奶身边，钻进饭桌下面时，强烈的晃动又重新袭来。

“哎呀，又来了，哎呀——”

这是一场里氏9级的大地震。强烈的晃动大约持续了3分钟。

奶奶明美在桌子下面拼命地抱紧拓马和飒汰。

晃动终于停止了，奶奶的脑子里一片空白。完全想不到下一个危险正在逼近。

“哎呀，地上乱七八糟的了！奶奶，我们怎么办啊？”

“是啊，接下来可怎么办啊……”

拓马盯着奶奶和飒汰，突然想起来什么似的，就叫着：“奶奶、飒汰，得赶快走！”

“走？走到哪儿去？”

“往高处走！这么大的地震，肯定会有海啸的！”

“啊？海啸……”

“奶奶，振作起来！如果待在这里，我们都会死的！飒汰，快穿外套！”

拓马拼命地喊着。

拓马帮弟弟穿上了外套。

“哥哥，我们怎么办？”

飒汰快要哭起来。

“去高处！因为海啸快要来了！”

“海啸是什么？爸爸妈妈呢？”

“他们在公司，所以不用担心。这里离大海太近了，太危险了，得赶快跑！”

“已经拿了钱包、钥匙，还有……”

奶奶还在做出发前的准备，拓马就对着奶奶说：

“奶奶！您在干什么？快走啊！”

“你们已准备好了吗？你们先跑出去吧！”

“知道了，但是您一定要快来哦！飒汰，咱们走！”

“好！”

拓马推着弟弟就跑出了家门。

“飒汰，快跑！”

两个孩子拼命地往高地跑。

拓马同学为什么能这么迅速行动？是因为他在学校里参加过很多次逃生演练。

“大海啸警报！大海啸警报！请您迅速前往附近的高地或者避难场所去避难。”

学校平时也是用真正的警笛开展演练的。

拓马就像在学校里学到的那样，奔向位于高地的避难道路。

“飒汰，加油！”

“好累……”

两个孩子不停地跑着，一直跑到避难场所。从避难道路透过隔着的铁丝网，看到釜石城的全景。

奶奶追随着两个孙子刚刚到达避难场所，大海啸就冲进了城市。

拓马家的房子就在他眼前被冲走了。

拓马紧抓着栅栏，默默地注视着熟悉的家被海水冲走。

大颗大颗的眼泪从他的眼睛里吧嗒吧嗒地掉下来。

家、心爱的游戏机、拓马所有的一切都被冲走了。但是他保护了他最珍惜的全家人的生命。

“从弟弟出生以来，我们就一直在一起。我想我们以后也要一起活下去。所以，我就带着他一起跑出去了。”

2

挽救了家人生命的内金崎爱海

一个女孩子的家人不肯逃生，但她拼命说服了他们。

她叫内金崎爱海，当时是一名小学3年级的学生。

爱海虽然功课很好，但是她吃午餐的速度总是班里最慢的，平时是一个慢性子。

她是个独生女，平时不爱表达自己的意见。

但就是这样的她，那天却挽救了全家人的生命。

3月11日那天，爱海在姥爷的自行车店里。她家一楼就是店铺。

她正在准备着过家家的玩具，等着朋友过来一起玩。

“啊，地震了！哎呀——”

“爱海！你没事吧！”姥姥跑过来看她时，爱海正躲在小桌子下面。

“姥姥，危险！快躲起来！”

过了一会儿，地震的晃动停止了。

“停了吗……”

“爱海，你没受伤吧？”

“姥姥，姥爷，快跑！”

姥姥和姥爷面面相觑。

“海啸会来！必须赶快跑！”

“不用担心，这里离大海远着呢，海啸这东西从来没到过咱们这里。”

“是的，待在这里的话就没有问题。姥姥和姥爷去楼上看看二楼的情况啊。”

“不要上楼，快跑吧！”

不论爱海如何要求，他们还是上楼去了。

两个人好像都不觉得需要逃生。

爱海紧跟着他们上了二楼。

“哎呀，太糟糕啦！先收拾一下吧。”

“姥爷，现在不是干这个的时候！我们应该赶快跑！这么大的地震，绝对会来海啸的！”

“好，好，先收拾收拾就走。”

“不行！这样的话，我们都会死的啊！”

爱海拼命地喊。

“什么收拾！这种事以后再做，咱们必须马上跑！”

"老头子，怎么办？"

"爱海都这么说了，那咱们先去高地吧。"

姥姥和姥爷被爱海说服了，3个人离开了家。爱海终于松了口气，因为她相信海啸一定会发生。

就在这时候，爸爸妈妈回来了。

"爱海！"

"爸爸、妈妈！"

"怎么了？天气这么冷，还出门？"

爷爷："爱海一直不停地说海啸会来，要逃生，咱们就先去高地看看。"

爸爸："是吗？我觉得应该没事，不过，既然大家都出来了，就去吧。"

妈妈："你们四人先去吧，我有点儿担心咱们家的鹦鹉。我先看一眼它们，随后过去。"

“爱海，你看，咱们已经到了高地，放心了吧？”

“妈妈怎么还没来？”

爱海对妈妈担心得不得了。

“一会儿就会过来的。”

爸爸一点儿都不着急的样子。

“我去接她！”

“爱海，等等！”

爸爸不让她走。

“我好担心妈妈。”

“那么，爸爸给妈妈发个短信，叫她赶快过来。”

爱海看着爸爸发短信，心里非常不安。

“谁啊？”

正在照顾鹦鹉的妈妈发现来了爸爸的短信。

——快到避难道路来！

“大家这么夸张啊！？说是有海啸，应该不会那么大吧？”

妈妈回短信了。

妈妈写的是："一会儿就过去。"

"爱海，你看，妈妈一会儿就会过来。"

"一会儿？不行！妈妈会死的！妈妈！妈妈！"

爱海哭起来了。

爸爸有些狼狈地说：

"孩子，别哭啊，我再告诉妈妈赶快过来。"

“怎么又来了短信了？‘爱海在酷呢’？哈哈，爸爸把字都打错了。着什么急呀？好吧好吧，我马上过去。你们帮着看会儿家吧。”

妈妈慢悠悠地跟鹦鹉们打了声招呼，离开了家。

平时很安静的爱海为什么会大哭着要求“逃生”呢，因为她想起了2004年发生在印度洋的大海啸。

爱海在学校的防灾课上反复观看了当时的录像。她清晰地记得那时学到的东西：海啸的巨大威力能够把房屋彻底摧毁。

“妈妈会死！妈妈会死！”

爱海已经痛哭流涕了。

“爱海！”

就在这时，妈妈终于过来了。

“妈妈！太好了！赶过来了！”

“你怎么了？怎么哭得这么厉害？”

妈妈惊讶地抱紧了爱海。

“因为，我怕妈妈会死……”

“知道了，我不是好好儿的吗，我在这里呀。”

就在这时，周围的人开始嘈杂起来了。

“你看，那是什么？”

“海啸！”

“海啸冲过了大堤！”

爱海只能呆呆地望着大海。

海啸的大水漫过了她家二楼的天花板。

海啸冲过来的8分钟之前，妈妈还在家里。如果没有收到“爱海在哭呢”的短信，妈妈不会去避难逃生的。

爱海同学这么说：

“现在我还是认为，我保住了自己的生命，也保住了家人的生命，我很满意。”

3

改变了避难地点的孩子们

孩子们不仅仅会逃生，还发挥了大人们都比不上的判断力。

3月11日那天，当时上小学6年级的寺崎幸季同学、砂金珠里同学、山本洋佑同学正一起在海边钓鱼。

发生地震的时候，他们正在海边玩耍。

平时他们几个的意见总是很难统一，但是那天的情况却不一样。

“有一个礼拜没有来钓鱼了，今天能钓上什么鱼呢？”

“现在这个季节能钓到小鲹鱼吧！”

“好！那我们就把今晚的小菜钓回家！”

“好！！”

珠里笑嘻嘻地问大家：

“谁带零食了吗？”

洋佑打开包对大家说：

“我包里就有小米饼和鱿鱼干哟！”

“不愧是班长，准备得真周到！”

大家一边笑着一边开始钓鱼。

“哟，是不是鱼咬钩了？”

幸季说这话的瞬间，海面起了波浪。

这不是鱼咬钩，是地震。

“啊——”

“地震啦！”

“大家快离开海边！”

洋佑冲着大家高喊。

“啊——”

小鸟成群地飞上了天。

“大家保护好头，蹲下来！”

“哎呀——”

大家都蹲下来，用手护着头。

“哇——”

水泥地面居然大大地裂开了。

“没事儿的，大家都在呢，不要哭！”珠里冲着大家喊。可是孩子们仍然不停地惊叫着，“哇——，救命啊！”

“对了，也许会来海啸，咱们得赶紧跑！”

“对，快跑！”

大家都慌忙地跑了起来，要尽可能远离海岸。

“快看！海水都退下去了……”

幸季回头看到大海，对大家说。

小伙伴们对背后的情景深感不安，“这种情况是不是很危险啊”。

“不管怎样，咱们必须远离大海。”

"咱们上这座楼吧！"

孩子们跑到海啸避难大楼前时，珠里说。

"我们就留在这里吗？"

"这是海啸避难大楼，而且能够和大人们一起。"

"对，和大人在一起的话就放心了，就是这里啦。"

"不过，这里离大海太近了……"

“刚才震得好厉害！”

“就是啊。”

“摇晃得吓人。”

“吓死我了……”

大人们看起来一点都不着急的样子。

“看起来好像很放松的感觉啊。”

“难道不会来海啸吗？”

“要不要回海边收拾钓鱼竿去？”

“要不咱们回家吧？”

孩子们开始对该不该避难犹豫不决。

幸季突然想起刚才看到的大海不寻常的变化，事情应该没有那么乐观。

“我先进去了啊！”

珠里和另外一个女同学进楼去了。

“珠里，等等！我们得找个别的地方。”

幸季不让珠里上楼。

“为什么？这里就可以了吧！”

幸季亲眼看到海水突然退潮，这是海啸的前兆，所以她想如果大海啸来临，这座大楼或许会保不住。

“刚才的地震很不正常，我想一定会发生大海啸，待在这里是不行的！”

“没问题的！快上楼吧！”

幸季和珠里开始争论的时候，洋佑开口了，

“我也觉得最好不要呆在这里。”

“为什么……”

大家都盯着洋佑的脸。

“我们应该去更安全的地方。”

洋佑盯着珠里说。

“去哪里呀？”

珠里心里有些不踏实，问洋佑。

“咱们应该去避难道路！那儿离这里不远，地势高，比这里更安全！”

洋佑态度坚定地回答。

“不过，咱们都是小孩，有大人在一起的话，会更安全吧。”

珠里好像仍然在犹豫的样子。

“幸季说得对，刚才的地震很不正常，待在这里不安全！”

“……”

珠里还是下不了决心。

“珠里，快决定吧！”

“大家一起去避难道路！”

幸季劝珠里一起走。

“好，大家一起去避难道路！”

珠里终于下了决心。

“好，走吧！”

离开大楼后，大家急忙奔向避难道路。

孩子们刚刚到达避难道路，大海啸就吞没了整个城市。

孩子们在改变避难地点的问题上达成了一致的意见。

这里面有每一个孩子的判断。

据说，最初主张去大楼避难的珠里从那以后改变了想法，现在她觉得不能万事依靠大人。

洋佑支持了幸季的主张，他后来说：

“我觉得避难大楼是孤立的。但避难道路后面还有山，即使海啸的水冲上了道路，还能够爬山逃生，所以我选择了避难道路。”

孩子们为保护自己的生命，做出了正确的判断，改变了避难的地点。

4

九死一生的长谷川兄弟

釜石小学的孩子中，并不是每个人都做到了迅速逃生。

3月11日那天有人拍到的视频里出现了一对兄弟。

他们在自己家的楼顶，海啸的水已漫到他们的脚下。

两个孩子没有来得及撤走。

长谷川葵同学和长谷川永志同学是一对兄弟。地震发生时他们正在家里。

“地震了！”

“啊——”

两个人躲在饭桌下保护着身体。

地震后，厨房的柜子倒了，里面的东西散落了一地。

“哥哥，怎么办？要是地震再来，咱们的房子可能会塌掉吧，咱们往外跑吧！”

“永志，别着急。”

（也许会发生海啸。但是爸爸曾经说过，在家里的时候，应该先看情况再判断……）

葵想一会儿，抬起头对着弟弟说：

“咱们先看看情况再说吧……”

“好，明白了。”

大海啸警报响起。

防灾无线广播呼吁大家赶快逃生。

“哥哥……”

感到不安的永志靠近了葵。

“我们的房子是钢筋混凝土的，实在不行跑到屋顶上就可以了，不用担心。”

葵笑着对永志说。

永志有些放心了。

但是两个人还是在犹豫该不该逃生。

无论如何，先把重要的物品塞进书包以防万一。

就在这段时间里，海啸逼近了釜石城。

他们突然注意到外面不寻常的动静。

“哥哥，外面有点儿奇怪，咱们还是出去吧！”

“……”

“哥哥，咱们往外跑吧！”

永志拉着葵的手。

“知道啦，咱们去高地吧！”

葵终于下了决心。

“快走！啊——”

他们打开门时发现，水已经漫上来了。

两个人惊讶地对视了一下。

“是水！”

“……”

“哥哥，咱们快去高地，待在这里好危险！”

永志同学马上要跑出去。

“永志，等等！”

“什么？”

这时，葵想起了在课上学到的知识。

他曾经看过一个教学视频，视频中的实验证明即使只有50厘米高的海啸也能够把人冲走。

“永志，上屋顶！”

“什么？”

永志惊讶地看着哥哥。

“赶快上屋顶！”

两个人跑上了屋顶。

“海啸来了！快跑啊！”

兄弟俩听到了从高地传来的叫声。

“哥哥，我想去那边！”

“不行！你人小，路上会被海啸冲走的，这里更安全！”

葵对着永志说着。

就在这时……

“海……海啸！”

水位不断上升的大海啸涌进了釜石城。

“永志，到这里来！”

葵让永志抓紧屋顶的栅栏。

“哥哥，我好害怕！”

“抓好这个！”

那天晚上，兄弟俩一直待在屋顶上的小房子里。

“你冷吧，把这个穿上。”

阳台上正好有晾晒的衣服，葵把它递给了永志。

“哥哥你呢？”

“我没事。”葵笑着说。

“大家都怎么样了啊……”

就在两个人紧靠在一起说话的时候，听到了爸爸的声音。

“葵！永志！”

爸爸蹚着齐腰的大水过来找他们来了。

“葵！永志！你们在吗？快回答！”

“是爸爸！”

“爸爸，我们在屋顶呢！”

两个人从屋顶伸出头。

“是葵吗？我马上过去！你们等着！”

爸爸急忙跑上楼。

“葵！永志！”

爸爸紧紧拥抱着两个孩子。

“爸爸！！”

“你们没事吧！”

“爸爸！”

“太好了，两个都活着，真是太好了！”

葵和永志终于得救了。

没有冒险跑出去的这个判断保住了他们的性命。

永志后来说：“海啸的水哗地就涌过来了。”

葵说：“我非常害怕，但是连永志都一直在坚持……”

爸爸说：“其实我已经做好了两个孩子都不行了的心理准备。但是他们都活着，实在太好了。”

5

对家人的信任让长濑家母子成功地躲过了灾难

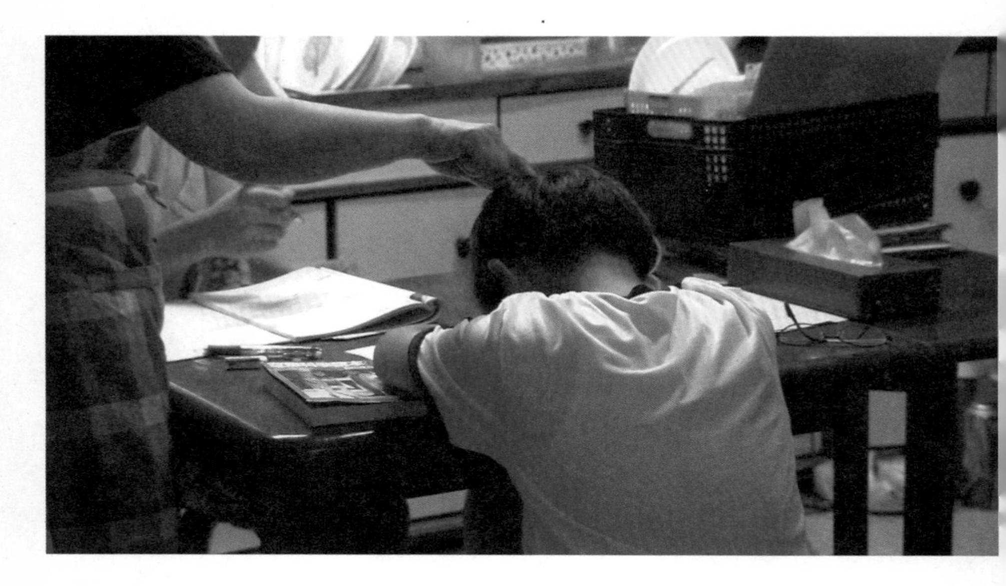

那天，孩子们采取的行动教会我们家人间平时建立的信赖关系是多么重要。

长濑大喜同学平时经常因为忘写作业挨妈妈的骂。趁着妈妈看不到的时候，他会玩电子游戏、打瞌睡……

“大喜，快做作业！”

他家隔壁就是爸爸妈妈经营的商务酒店。

大喜和哥哥总来这里吃饭。

“我吃完了！“

那天，大喜和哥哥明大吃完了午饭，妈妈问他们。

“你们俩打算今天怎么过呀？”

明大回答：“我跟朋友约好了去他家玩游戏！”

“那大喜呢？”

“没计划，去哪里玩玩儿吧。”

“你们一定要做作业喔！”

“好！”

结果大喜并没有出去玩，而是返回了家里。

“嘿嘿，妈妈不在，哥哥也不在，今天我一个人玩游戏玩个痛快！”

就在他开始准备玩电子游戏的时候……

“嗯？哇——地震了！要躲起来！”

大喜拉出被子罩在头上。

“啊——快停吧！”

“哎呀！”

妈妈这时候也正在酒店厨房的剧烈晃动中拼命地坚持着。

“哎呀！屋里都乱七八糟的了！”

由于地震剧烈的晃动，柜子里的餐具破碎撒落了一地。

“妈妈做的梅子酒也都洒了。妈妈在哪里呀，还在酒店里吗……要不，我给她打电话让她过来接我。”大喜说着说着开始哭起来，但是他猛然想起了在学校里学过的知识。

“发生大地震后，也会发生大海啸。所以，就算你们是一个人在家，也要马上逃生。大家能做到吗？”

“能！”

“等着妈妈来是不行的，我得一个人逃生。”

大喜下了决心。

妈妈这时不知道大喜在哪里，但是她也并没有去寻找大喜，而是选择一个人逃生。

因为两个人都想起了日本东北三陆地区的古训："海啸来临各自跑"，也就是说，发生海啸时不要管家里其他人，各自逃生。

"哎哟！哇——天啊！"

大喜跳着走过散落一地的饭碗碎片，离开家，跑了出去。

"我得赶紧走！"

大喜终于跑到了被定为避难场所的公园。

“好累……”

“大喜！”

“妈妈！”

“大喜，你刚才在哪里？”

“我一直在家呢！家里好乱，你做的梅子酒的瓶子也都碎了……我好害怕，但是一个人跑出来了。”

“现在没事了，太好了，我们都没事。”

大喜平时是个爱撒娇的孩子。

他现在还说晚上喜欢和妈妈一起睡。

但是那天，他一个人采取了果断正确的行动。

大喜说：

“大人们告诉我，紧急的时候自己应该保护自己，不要考虑爸爸妈妈，首先自己要活下去。所以，我决定一个人马上行动。”

妈妈说：

“如果没有对孩子绝对的信任，也就是相信孩子一定会自己去逃生的话，大人就会去寻找他们吧。那天我坚信大喜一定可以自己逃生，我也自己逃生，只要我们都活着，一定能够再见面。相信对方真是一件非常重要的事情啊！”

走向未来……

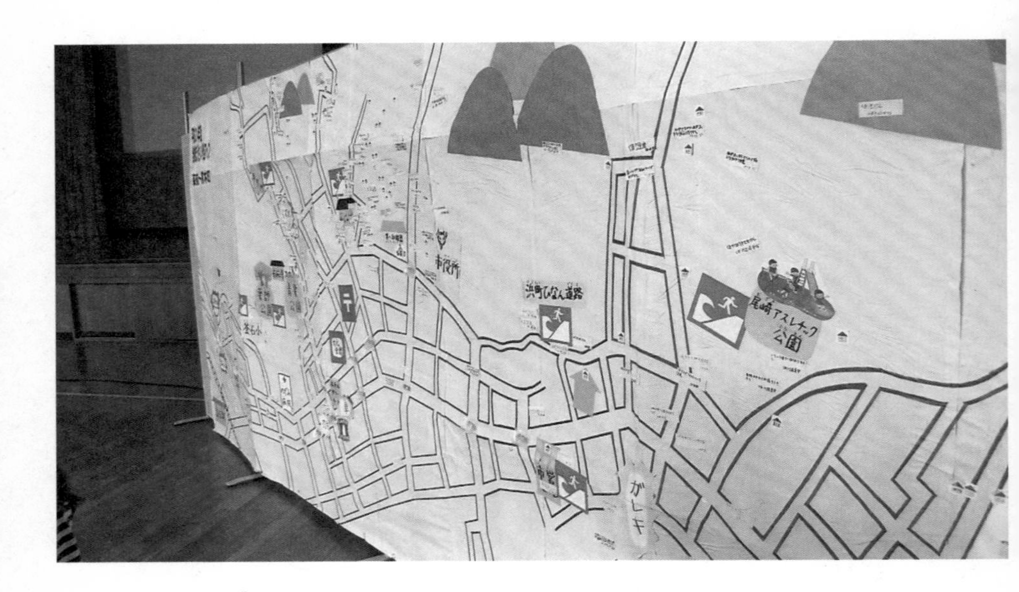

釜石小学的同学们经历了大海啸，并且顽强地生存下来。

他们经历了许多难过的事情。

有的失去了亲人，有的失去了家……

即便如此，同学们也说不想忘记那天发生的事情。

大地震后，釜石小学将每个月的11日定为防灾日。

通过制作防灾地图等活动，对新来的1、2年级的小同学开展防灾教育，传达灾害发生时需要牢记的事情。

寺崎幸季同学说：

“我们还是应该把那天的经验传承下去。因为或许在100年后的将来还会发生同样的灾害。我们得让后来的人知道，发生地震时一定要逃生。我希望把这些重要的信息传承下去，人人都能够保护自己的生命。”

灾区的学校今后仍会持续开展以保护生命为目的的防灾教育课程，让孩子们知道自己保护自己的重要性。

“这不是奇迹，而是成绩。”
——一位男同学这么说

2011年3月11日，日本东部沿海地区遭受大海啸袭击的情景在电视上被实况转播。

跨过堤坝的海啸不断地涌入釜石城，轻易地冲走了房屋与汽车。我们只能呆呆地望着海啸夺走人们的生命和正常的生活。我们只能接受“在大自然的威力面前人类是如此的渺小”这一事实。

但是，有些人却告诉我们：“不对，人类并不是无力的。”这就是釜石小学的184名同学。

那天，学校下课比平时早，孩子们在大人们看不到的地方各自享受着悠闲的时光。有的跟朋友玩电子游戏，有的去海边钓鱼，也有的一个人在家里。这时，里氏9级的大地震发生了。

对每个孩子来说，这场大地震都是从未曾经历过的，他们心中充满了恐惧、双腿发抖。但是，他们却都能够想到“海啸一定会来，不应该待在这里！”并且快速地跑向高地，保全了自己的生命。他们有的牵着小弟弟的手一起出发；有的说服了固执地认为海啸不会发生的家人，带动他们一起逃生；也有的背起腿脚不方便的朋友向前奔跑。他们用瘦小的身体挽救了很多人的生命。

小学校长后来说：

“孩子们的身体里怎么会蕴藏着这么巨大的力量！这场地震让我们失去了很多东西，但是孩子们却给我们带来了极大的希望。”

孩子们的出色表现后来被人们称作“釜石的奇迹”。不仅在日本的国内，更在海外引起关注。但是，有一个男同学却略带不满地对我说：

“电视和报纸叫它‘釜石的奇迹’，但是我觉得不对。我们是发挥了在学校里学到的东西，所以这不是‘奇迹’，而是‘成绩’。”

釜石小学在大地震发生前的大约3年以前就开始致力于防灾教育。同学们在课上学习海啸的威力，在上下学途中确认可以逃生的路线，并且认识到“自己保护自己的生命”的重要性。“我们运用这些学到的东西保护了自己的生命，所以不应该称作奇迹。”我想这个男孩子说的是对的。“釜石的奇迹”其实是老师们和孩子们“共同努力的结晶”。

日本今后也可能发生巨大的地震及海啸。但是，釜石小学的同学们证明了只要具备应对自然灾害的知识与智慧，就一定能保护好生命。他们希望把这个信息传递给更多的人，所以接受了我们的采访。

我们衷心希望有更多的读者通过这本书接收到来自釜石小学同学们的心里话。

2014年1月

日本放送协会报道局社会节目部编导　福田和代

中文版后记

防灾减灾教育，中日合作之光

2008年震惊世界的“5·12”汶川特大地震，给我们内心带来巨大的震动。无论是在北川中学，或是漩口中学，还是聚源中学，震灾发生时，倒塌的废墟和学生家长的悲伤，如今历历在目。地震后，温家宝总理说过：“要把学校建设好，让学校成为所有公用建筑当中最好、最安全的地方!”——真是这样的，这场地震使我们毅力迸发和内心澎湃：我们发心要建好安全学校，做好防灾教育。这就是我们在汶川地震后，发誓要为国家防灾减灾教育事业发展做出贡献的一份初心。这份初心，无论对笔者这样的专家，还是从事减灾教育的有志者来说，至今毫无减弱，仍在激励着我们前行。今天我们翻译出版《釜石的奇迹》中文版一书，就是这份初心激励的一个成果。

2009年由11个国家部委组成的全国中小学校舍安全工程领导小组，用三年时间在全国开展了中小学校舍安全工程建设工作之外，中国各大基金会和国际民间组织也积极开展中小学防灾减灾教育工作。2009年初，中国少年儿童基金会邀请我和几位专家去汶川地震灾区调研校园安全教育的需求。2009年4月中国少年儿童基金会率先在全国妇联、教育部、公安部、民政部、国家安全生产监督管理总局等单位的大力支持下推出了儿童安全教育公益项目“安康计划—儿童安全教育工程”，并下设安全应急教育工程办公室，在全国中小学建设安全体验教室和开展教师安全培训工作。2009年8月，由中国儿童少年基金会和我当时所在的单位“北京清华城市规划设计研究院”联合举办了首期“安康计划校园安全应急管理培训班”。在当时，我感到能为来自四川地震灾区中小学的54名的校长、老师在防灾减灾和应急管理方面做点事情，也许可以给汶川地震中失去生命的学生一些告慰。该工程实施后，已经在全国建立320多个安全教室，培训教师达两千多名。笔者作为首批顾问，从当初的项目策划到至今，一直参与其中，为“安全教室”所在学校的教师培训上课，每次课程都会介绍有关日本方面的减灾教育经验。

与此同时，中国教育学会与中国儿童少年基金会共同推出“校园安全教育和安全管理工程”（以下简称“校安工程”），依托中国儿童少年基金会的公益力量，探索适合我国国情的“校园安全教育和安全管理”的有效途径和模式，打造一个实践性、实用性和实效性相结合的“校安工程”体系。2010年9月，校园安全工程门户网站——中国安全教育网上线，作为国内最大的安全知识学习平台，网站以“关注青少年安全成长”为宗旨，以漫画、视频、动画的形式，生动展示安全知识，以全方位提高学生的安全素质。该门户网站邀请我作为专家研究日本校园安全和筹建“中国校园安全研究中心”。在此期间，我们翻译了日本文部科学省在2010年3月颁布的全国中小学安全教育规划纲要——《培养生存能力的学校安全教育》和东京都的学校安全规划的大量资料。2011年11月，我有幸被推荐为中国教育学会中小学安全教育与安全管理专业委员会副理事长，并接受教育部基础教育一司的委托和中国教育学会的组织安排，担任课题组副组长，完成了“中国中小学、幼儿园的安全管理及评价标准”课题。作为成果的一部分，我们在2012年2月编译了《日本校园安全教育和管理体系的构建和研究》。我们通过有关对日本学校安全教育的研究工作，为我国教育部的学校安全课程体系、学校教育平台、安全教育试验区的建设和发展提供了很有价值的参考资料。

2011年3月11日，在日本东部发生的地震以及次生海啸，使日本遭受很大的损失。不过，震灾使学校的安全教育得到了考验——学生和老师的伤亡非常低。灾后2周，当我站在被海啸摧毁成一片废墟的仙台市区若林区中野地区，看到唯一屹立不屈的中野小学时，感到建筑一所结构稳固的学校，在社区、家长、孩子们的生命中是多么的重要！地震发生时，岩手县釜石市东中学的中学生的大哥哥大姐姐们临机应变，冲到旁边的鵜住居小学，一对一地把小弟弟小妹妹带出学校去避难，无一人死亡。釜石小学的学生不仅自己能安全逃生，还能劝说家里人一起逃生和临机应变地改变逃生的目的地等，创造了釜石的“奇迹”。在这个奇迹的背后，是从2004年开始，就在帮助釜石市开展防灾减灾教育的群马大学的片田敏孝教授等专家的努力。我作为一位防灾减灾研究者，从这个奇迹中，感到无论是在清华大学，还是在四川大学，从事防灾教育很有价值和必要！一直以来，我在全国各地的上百次讲课和报告中，都介绍了包括“釜石的奇迹”在内的3·11地震海啸的经验及其教训。

2013年4月20日，雅安发生了芦山强烈地震。5月21日，习近平总书记在四川芦山灾区龙门乡隆兴中心校看望学生时讲道：“不管是什么情况，不论是什么天灾人祸，一定不要让下一代受到伤害，这是我们的责任。”芦山地震也让我们不忘初心，进一步做好学校减灾防灾和安全教育工作。

芦山地震后，4月24日，壹基金的代表来到我所在的学院，商议如何开展包括安全学校建设等在内的芦山地震灾后重建援助工作，并邀请我做顾问。其后，我把翻译的《培养生存能力的学校的学校安全教育》无偿交给壹基金，让薛城等年轻有志者去学习和研究。特别是在壹基金每年主办的减灾小课堂上，我介绍了日本校园安全教育和管理体系、安全规划、防灾运动会、3·11地震海啸的经验以及釜石的奇迹等。这使得壹基金的减灾项目在日本的经验基础上得到很快的发展，并在全国的各级社会组织和基金会中脱颖而出。

在科技部中日技术合作事务中心秦洪明主任、日本大使馆一等秘书福井贵规先生、日本国际协力机构（JICA）中国事务所周妍副所长与佐佐木美穗副所长、四川国际科技合作协会梁晋会长等机构代表的努力下，我专程去日本国际协力机构东京总部商议，2015年10月，作为中日两国政府技术合作项目，学院与壹基金、日本国际协力机构三方签订合作协议，共同实施为期三年的“四川减灾教育与能力建设示范项目”。这个项目是中日两国恢复邦交以来，第一次使用民间公益资金开展防灾减灾教育的中日两国政府认可的技术合作项目，成为中日两国技术合作的新试点。项目的主要目的在于提升雅安市的减灾教育质量，构筑可持续的减灾教育实施示范模式，并在四川省和其他地区推广和分享，构筑政府、大学研究机构、社会组织共同推进减灾教育的模式。项目的主要内容是针对雅安市减灾示范校及其他普及地区学校的参加人员（儿童、教师、学校管理者、教育部门工作人员等），实施与减灾教育和灾害应对相关的示范课，开展培训，研发与减灾教育和灾害应对相关的教材和教育课程；研究减灾教育工作计划和人才培养计划，翻译日本减灾教材等，并为壹基金—成都青少年未来防灾体验馆的设计建设等提供咨询。在这两年的项目执行中，我们邀请了日本著名的减灾教育专家室崎益辉教授、诹访清二老师、福和伸夫教授、中川和之先生、城下英行先生、永田宏和先生、石原凌河先生、常見充孝先生等前来指导。同时，我们还邀请了中国地震局地球物理研究所高孟谭副所长，中国地震局地壳应力研究所陆鸣副所长，中国教育科学研究院副研究员、中国教育学会中小学安全教育与安全管理专业委员会马雷军副秘书长，中国减灾委专家委员会程晓陶教授等国内防灾减灾领域专家参与指导。

壹基金在该中日合作项目的支持下，实施了儿童平安计划的三大项目。减灾小课堂项目使用“减灾教育盒子”，开展参与式教育课程，配备减灾笔记本和儿童应急包，培育儿童应对自然灾害和日常安全风险的意识和能力。安全训练营项目是利用“安全教育车”开展流动教学与倡导活动，提升儿童及家长应对灾害及日常风险的能力，倡导社会注重对儿童的安全保护。减灾示范校园项目是在雅安灾区，以安全教育和安全管理为核心，提升学校应对自然灾害和安全事故的综合能力，加强学校对儿童的安全保护。壹基金的防灾教育的经验是提倡情景化、参与式的安全教育理念；以防灾减灾为主，覆盖儿童日常安全事故；积极融入学校的日常管理与教学之中开展减灾教育；将经验操作化，为学校开发八大操作手册及系列产品；将项目产品化，适合公益组织及志愿者参与；直接与国际机构合作，将国际经验本土化。壹基金的这些经验，也体现了我国各类社会组织在安全防灾教育工作中积累的经验和探索的道路。

本次所翻译的由日本放送协会NHK特别节目采访组编写、新日本出版社出版的《釜石的“奇迹”——保护我们生命的一堂课》一书的中文版，是我们“四川减灾教育与能力建设示范项目”中的任务之一。该书也是“面对巨大灾害时，孩子们如何依靠自己的力量生存了下来”的一种新的安全教育的启蒙。同时，也告诉我们，在奇迹的背后，有政府组织和支持的，由防灾教育领域的大学专家、社区人员参与的支持工作是多么的重要！

我负责与新日本出版社丹治京子女士联系，一年中两次去东京访问，就版权购买与中文版出版合同等进行协商。在此，感谢丹治京子女士和新日本出版社、日本放送协会的支持！翻译工作主要是由日本国际协力机构的三津间由佳女士和丁莉女士作为志愿者完成的，在此也深表本人的谢意！壹基金的薛诚负责项目协调和中文文字的润色。最后，感谢四川大学出版社曾鑫老师的编辑工作！

在本次中文版的翻译与策划出版之际，我能重拾初心，梳理汶川地震后9年来从事学校减灾教育的历程，看到我国学校安全教育取得的巨大成就，并与日本同行一起推动包括我国在内的国际减灾教育事业的发展，感到非常高兴和自豪！

这篇后记很长，内容很多，对本书的儿童读者而言，显得较为严肃。不过，我寄望本书的儿童读者，当你长大成人，如果能给自己的孩子再次阅读此书，希望那时能对本篇后记产生共鸣和予以理解。

中国教育学会中小学安全教育与安全管理专业委员会副理事长

四川大学-香港理工大学灾后重建与管理学院执行院长

顾林生　于蜀国一院

2017年6月1日

壹基金
One Foundation

儿童
平安